AF324547

STATISTIQUE AGRICOLE

DU DÉPARTEMENT

DE LA CHARENTE

PAR M. EUGÈNE THIAC

Membre du Conseil général du département et de l'Institut des provinces.

(Extrait de l'Encyclopédie agricole de Moll, publiée par MM. Didot)

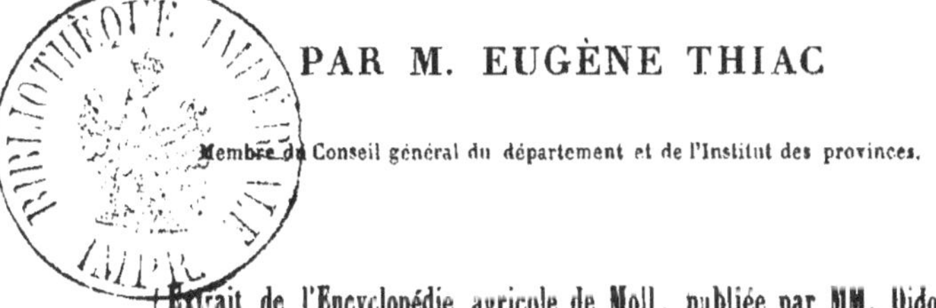

PARIS

IMPRIMERIE DE AD. R. LAINÉ ET J. HAVARD

RUE JACOB, 56

1861

STATISTIQUE AGRICOLE

DU DÉPARTEMENT

DE LA CHARENTE.

**Position géographique. — Relief général. — Plaines. —
Cours d'eau.**

Traversé par la rivière dont il porte le nom, le département de la Charente a été formé de l'ancienne province d'Angoumois et de quelques communes du Limousin, du Poitou, de la Saintonge et du Périgord; il est situé dans la région de l'ouest entre le 45ᵉ degré 12′ et le 46ᵉ degré 07′ de latitude septentrionale ; le 1ᵉʳ degré 22′ et le 2ᵉ degré 45′ de longitude occidentale par rapport au méridien de Paris.

Sa superficie embrasse en totalité une étendue de 594,543 hectares 47 centiares.

Sa population, d'après le dernier recensement, est de 378,722 habitants.

Il se présente sous la forme d'un massif.

Le point le plus élevé est dans la commune de Montrollet, où il atteint 366 mètres au-dessus du niveau de la mer. L'élévation vers l'est est encore de 200 à 300 mètres. Il s'incline faiblement vers l'océan, et perd successivement de sa hauteur à mesure qu'il atteint les limites occidentales.

Ce massif est sillonné par de nombreuses petites collines, particulièrement dans l'arrondissement de Confolens et le canton de Montbrun. Dans d'autres parties le relief du sol est moins tumultueux.

On y observe deux plaines d'une certaine importance, celle dite des Pays-Bas, entre Matha, Jarnac, Cognac et Saint-Jean-d'Angély, et la plaine qui s'étend depuis Cognac jusqu'au delà de Mainxe entre les côteaux de la Grand'Champagne et la rive gauche de la Charente; cette seconde plaine est la région des vignobles qui donnent la célèbre eau-de-vie de Cognac.

La principale rivière, qu'Henri IV appelait le plus beau ruisseau de son royaume, est la Charente; elle prend sa source à Cheronnac, dans la Haute-Vienne, traverse le département de la Charente, en coulant du nord au sud par Verteuil jusqu'à Mansle la Jolie; de là, de l'est à l'ouest, jusqu'à la Chapelle d'Amberac; ensuite, au sud, jusqu'au faubourg Lhoumeau, sous Angoulême; enfin elle se dirige à l'ouest par les villes de Châteauneuf, Jarnac, Cognac et Saintes, d'où elle se rend dans la mer au-dessous de Rochefort, presque en face de l'île d'Aix, et après un parcours total de 285 kilomètres, dont 88 sont navigables dans le département au moyen d'écluses à partir de Montignac, au-dessus d'Angoulême.

Les arrondissements de Confolens, Ruffec, Angoulême et Cognac, sont successivement arrosés par la Charente, dont les principaux affluents sont la Tardouère, le Bandiat, la Touvre et le Né.

La Touvre est particulièrement intéressante par la quantité et la qualité des poissons qu'elle nourrit : les anguilles, les loches, les truites saumonées et les écrevisses ; cette quantité est si considérable qu'on dit dans le pays *qu'elle est pavée de truites, lardée d'anguilles et bordée d'écrevisses.*

Ce qui est certain, c'est le commerce considérable qui en résulte.

Le département de la Charente est encore traversé par deux autres rivières principales, la Vienne et la Drôme, et un très-grand nombre d'affluents.

Sol et sous-sol.

Les formations géologiques de la Charente, d'après l'étude qu'en a fait faire récemment le conseil général par les soins de M. Coquand, professeur de géologie à la Faculté des sciences de Besançon, seraient au nombre de six ; mais elles peuvent se résumer, pour nous, en deux régions distinctes. La portion de l'arrondissement de Confolens, qui faisait autrefois partie du Limousin, et qui s'étend depuis la commune de Taponat jusqu'aux limites de la Haute-Vienne, est recouverte d'une terre végétale assez épaisse, très-mélangée d'argile et qui repose sur un tuf de pierres d'une nature granitique. Ces terrains argileux ou froids sont très-favorables à la culture du seigle, du sarrasin, du châtaignier et du chêne. Le territoire des arrondissements de Ruffec, Cognac, Barbezieux et Angoulême est au contraire éminemment calcaire. On y rencontre bien quelques bancs d'argile et de silice, mais ils sont peu étendus et ne couvrent même jamais la superficie entière d'une commune.

Malgré cette conformité apparente du sol dans ces quatre arrondissements, les produits ne sont pas les mêmes dans toute leur étendue ; ils varient comme la richesse agricole. Ainsi les calcaires compactes engendrent des terrains pierreux sur lesquels les céréales réussissent à merveille. Les matériaux moins consistants et dans lesquels l'argile se trouve mélangée avec le calcaire fournissent un sol d'une ardente fécondité, et également propre aux prairies artificielles, à la vigne et aux céréales.

Le calcaire marneux, poreux et tendre, se laisse entamer avec la plus grande facilité, et alimente, dans presque toute son étendue, ces fameux vignobles qui donnent les eaux-de-vie de Cognac.

On trouve dans la Charente, et particulièrement dans l'arrondissement de Confolens, des mines d'antimoine, et récemment à Alloue, on a repris avec succès l'exploitation du minerai de plomb argentifère.

La Charente est riche en outre en mines de fer.

On rencontre dans la commune d'Ars, arrondissement de Cognac, un caillou transparent qui, lorsqu'il est taillé, approche de la beauté du diamant par sa blancheur et son jeu.

A quelque distance de Montbrun, on remarque un rocher dont la masse très-poreuse semble avoir beaucoup d'analogie avec la pierre ponce.

Il y a, au nord-ouest de la ville de Cognac, dans la commune de Cherves, des carrières de gypse (plâtre) aussi estimées que celles de la butte de Montmartre, près Paris. Les produits sont embarqués au port de Salençon, près Cognac, par gabarres jusqu'à Angoulême et Rochefort.

Plusieurs parties du département, et surtout l'arrondissement d'Angoulême, fournissent d'excellentes pierres de construction; elles sont très-molles et d'une blancheur éblouissante.

La plus belle de ces carrières est celle de Saint-Même, arrondissement de Cognac. Tendre et blanche en sortant de la carrière, son exposition à l'air lui donne beaucoup de dureté, et elle est bientôt en état de résister aux injures du temps.

La Charente est riche également en marnes; mais là où elles abondent le plus sont les cantons de Villefagnon, Aigre et Mansle.

L'arrondissement d'Angoulême renferme, d'après la statistique de M. Basque, spéciale à cet arrondissement, environ 15 à 18 hectares de terrain tourbeux exploités par de nombreuses tourbières qui suppléent, dans le département, au défaut de la houille et du charbon de terre, et qui produisent en moyenne chaque année 24,300 quintaux métriques de tourbe, représentant environ 62,110 stères de bois.

Le département possède les sources minérales d'Availles et de Barbezieux, mais leur efficacité est à peu près méconnue aujourd'hui.

Météorologie.

La division géologique du département donne une idée assez juste de son climat.

L'air est plus froid à mesure qu'on avance sur le terrain granitique et argileux de l'arrondissement de Confolens, et les récoltes y sont plus tardives ; il fait, au contraire, beaucoup plus chaud sur le sol calcaire des quatre autres arrondissements, et les productions y sont plus précoces. On peut dire en général que le climat du département est partout très-beau : l'air y est pur et le ciel presque toujours serein. Les brumes, les brouillards et les temps humides y sont rares et ne durent pas longtemps. La température des saisons s'y succède insensiblement et par degrés. Les très-fortes chaleurs et les grands froids ne s'y font sentir que rarement ; leur durée n'est même chaque année que d'environ trois semaines ; l'automne est toujours la plus belle saison.

Cette température agréable est néanmoins quelquefois interrompue par des ouragans d'une certaine violence. Les vents d'est et du sud-ouest y soufflent surtout l'hiver avec une impétuosité extraordinaire. Le printemps est parfois meurtrier pour les productions de la terre : ses longues fraîcheurs nuisent à la culture de la vigne. On éprouve aussi, en mai et juin, des fraîcheurs qui occasionnent la coulure des raisins. Les hivers se passent ordinairement sans neige. Les inondations sont rares, mais bienfaisantes ; elles fécondent les prairies et détruisent les insectes qui rongent les racines des plantes.

Les oiseaux de passage, pendant l'été, arrivent à la fin d'avril, et partent fin septembre. Ceux d'hiver se voient de la fin d'octobre à février et mars. Le poisson fraye en avril et mai. On fauche à la fin de juin ; on moissonne au commencement d'août, on vendange à la fin de septembre. Les plantes les plus précoces commencent à végéter en mars ; les arbres les plus hâtifs fleurissent à la fin d'avril ; la végétation commune a lieu au commencement de mai, et la floraison, de la fin de mai au commencement de juin.

Physionomie des habitants.

La Charente est un des départements où la civilisation semble la plus vive.

Dans toutes les carrières à peu près et à tous les points de vue, elle renferme des hommes distingués, instruits, pratiques.

De grandes, d'immenses fortunes financières et commerciales, toutes animées de l'amour du pays, étendent sur lui un patronage désintéressé et une bienfaisance inépuisable.

Une presse remarquable, à la fois politique, agricole, commerciale, industrielle, littéraire et morale, en même temps qu'elle témoigne de l'esprit charentais, l'alimente et l'éclaire.

Cependant, et bien qu'elle semble générale, cette civilisation n'est sous beaucoup de rapports que partielle. Si les sommets brillent, les plaines sont dans les ténèbres ; les causes de cette obscurité persistante tiennent beaucoup au naturel de ceux qui y restent plongés, se rattachant à cette classe qu'on appelle les paysans et qui forme en définitive le fond de la population.

Il s'en faut que le paysan charentais manque d'intelligence ; en dépit de ses apparences, il est fin et même rusé. Laborieux en ce qui le concerne, il aime passionnément la terre, et la cultive comme il est donné à son tempérament de le faire, c'est-à-dire, non avec mollesse quand il s'agit de sa propriété, mais même alors avec lenteur. Qualité ou défaut, cela est dans sa nature ; son langage et son accent traînent, son attitude est pesante, sa démarche manque de vivacité ; on dirait celle d'un homme qui n'est pas complétement éveillé.

Sans avoir pour la famille, l'amitié, pour le voisinage un culte très-ardent, il est foncièrement bon, obligeant et affectueux, et si sa reconnaissance envers les services se fait attendre, c'est qu'il a peine à les supposer dégagés d'intérêt personnel, et qu'il n'y voit, à son égard, que des avant-coureurs d'une réciprocité abusive ; il est sceptique.

Cette disposition d'esprit, il s'en montre surtout imbu vis-à-vis la classe élevée. Le passé, non moins que ses intérêts actuels, le portent à s'en défier ; il est traditionnellement agité des spectres réunis de la féodalité et de la dîme. Aussi sa déférence pour les supériorités sociales est plus apparente que réelle. Bien qu'il les flatte souvent en courtisan, il les juge tout à la fois en démocrate et en philosophe ; il n'est au fond sensible qu'à celle de ses avances où il trouve, avec de la bonté, de la sévérité et de la justice.

L'épargne et par conséquent les privations lui paraissent la voie la plus naturelle de s'enrichir comme elle en est la plus sûre ; mais cette épargne il ne connaît d'autre moyen de la faire fructifier que de l'employer en fonds de terre.

Il attendra donc, et longtemps s'il le faut, sans se préoccuper de la stérilité dont il les frappe, que ses économies puissent prendre la forme ardemment désirée d'une vigne, d'un champ ou d'un bois.

S'il peut mettre du bétail sur son exploitation, il n'y manquera pas, et alors il en fera l'aliment d'une petite spéculation.

Dans ses procédés de culture se réfléchissent deux grands traits de son caractère. Il s'y montre, comme en tout le reste, superstitieux et routinier. Il dit que la terre est vieille, que ses pères avaient autant d'esprit que lui. Toute méthode agricole nouvelle lui semble chimérique : il assiste à ses échecs avec la satisfaction

d'un homme qui les a prédits, et s'il arrive qu'elle ait
des succès incontestables, il en fait honneur non au
progressiste, mais aux caprices du ciel et des saisons, et
n'y voit que des accidents heureux.

Morcellement. — Métayage. — Commerce des bestiaux.

La terre est extrêmement morcelée dans la Charente.
Il n'y a pas, à proprement parler, de corps de fermes ;
le petit nombre qui en peut exister ne sont accordées
qu'avec des périodes extrêmement restreintes. Le pro-
priétaire fournit le cheptel ; en général les domaines
ou métairies sont livrés au métayage.

Partout les bâtiments ruraux sont dans des conditions d'insalubrité ; on ne peut concilier l'attachement
profond que le Charentais porte à ses bestiaux avec cette
indifférence pour les moindres principes d'hygiène.

L'absence d'un fermage avec de larges et sérieuses
conditions s'explique par le caractère charentais et la
manière dont il entend ses intérêts. En effet, dès
qu'un paysan possède un champ ou une vigne, il
s'abstient de se louer comme métayer ou de prendre
une ferme. Il cultive lui-même ce champ et consacre
le reste de son temps à la spéculation des bestiaux.
Aussi les foires ne sont nulle part plus multipliées que
dans la Charente : elles attristent tous ceux qui aiment
sincèrement l'agriculture et veulent son progrès. On
conçoit aisément le mal qui résulte de l'éloignement
constant du chef de maison de son foyer domestique :

de cette déperdition sur les grandes routes d'engrais considérables, du traitement donné à l'animal exposé un jour à de bons soins et le lendemain à l'oubli et aux brutalités. Du reste, cette spéculation sur les bestiaux donne lieu, dans le pays, à un commerce considérable et à un mouvement très-important de capitaux. Dans certaines contrées, c'est le trop-plein de la race de Salers que nous expédie chaque année l'Auvergne; dans d'autres contrées, c'est la race limousine, et dans la partie méridionale, la race garonnaise. La spéculation se rattache essentiellement aux bêtes bovines. Les espèces ovine, porcine, mulassière et asine n'y jouent qu'un rôle secondaire. La Charente, on le voit, achète et engraisse, mais ne se livre point à l'élevage. Les marchés de Paris et de Bordeaux sont, pour les bestiaux de cette contrée, d'importants débouchés.

Division approximative de la surface productive. — Progrès. — Production en eaux-de-vie.

Pour donner une idée de la variété des cultures du département, je vais placer ici le relevé de la dernière statistique officielle, publié par le gouvernement d'après les documents fournis par les autorités locales ; ils se répartissent ainsi sur la surface de la Charente.

	Hectares.
Froment.	104,002
Méteil.	8,575
Seigle	20,723
Orge	7,227
Avoine	21,140

	Hectares
Maïs.	24.860
Sarrasin	3,761
Pommes de terre.	18,995
Betteraves.	331
Racines et légumes divers.	2,046
Légumes secs	8,211
Culture des vins, chanvre, lin, graines oléagineuses.	6,320
Prairies artificielles.	24,945
Jachères.	30,768
Prairies naturelles	69,353
Vignes	97,425
Cultures arborescentes.	10,271
Landes, bruyères et pâtis	28,643
Superficies diverses, bois, forêts, étangs, bâtiments, cours d'eau, terres incultes.	106,639

Mais cette statistique remonte à 1852. S'il en était
fait une nouvelle aujourd'hui, nul doute qu'elle ne ré-
vélât de notables améliorations, car le réveil agricole
qui s'opère partout en France, a déjà produit dans la
Charente les plus heureux fruits. Quelques grands pro-
priétaires, qui ont pris la direction personnelle de leurs
domaines, ont introduit des instruments et machines
de toutes sortes, des types reproducteurs de bons
choix, des méthodes nouvelles de culture : des irriga-
tions et des drainages ont été pratiqués sur de vastes
étendues. On commence à comprendre ce qu'exige la
marche du progrès; l'œuvre agricole grandit, et les voies
ferrées qui sillonnent le département vont l'achever.

On peut répartir ainsi les diverses cultures du pays.

L'arrondissement de Ruffec est essentiellement livré
aux céréales ; celui de Confolens aux bestiaux ; celui
d'Angoulême aux pâturages et aux grandes industries

de papeteries, l'une des richesses du département, enfin l'arrondissement de Cognac est particulièrement viticole. Celui-ci ne possède aucun cru qui fournisse un grand ordinaire ; mais il rachète cette infériorité par la fabrication spéciale de l'eau-de-vie. A cet égard nulle région en France ne peut lui être comparée. La meilleure eau-de-vie sort de la contrée appelée *Champagne* dans l'arrondissement de Cognac. (*Voy.* ce mot.) L'arrondissement de Barbezieux a également des produits alcooliques estimés, mais inférieurs à ceux-ci. Il se livre avec un grand succès à l'élevage des gallinacés.

La folle blanche forme le fond des meilleurs vignobles dont on veut distiller les vins ; c'est le cépage le plus répandu.

En résumé, le département de la Charente, sans être au premier échelon de la richesse de la France, doit cependant y occuper un rang éminent par ses productions de toutes sortes, par ses industries si variées, par l'intelligence de ses habitants, et particulièrement par son commerce d'eau-de-vie qui s'étend dans le monde entier.

Partout l'eau-de-vie de Cognac sera l'honneur du département de la Charente, comme un Raphaël, dans un musée, en est l'éclat et l'ornement.

Eug. THIAC.

Paris. — Imprimerie de Ad. Laine et J. Havard, rue Jacob, 56.